电子教程系列

建筑给水排水工程

张学洪　主审
曾鸿鹄　陆燕勤　陈三明　主编

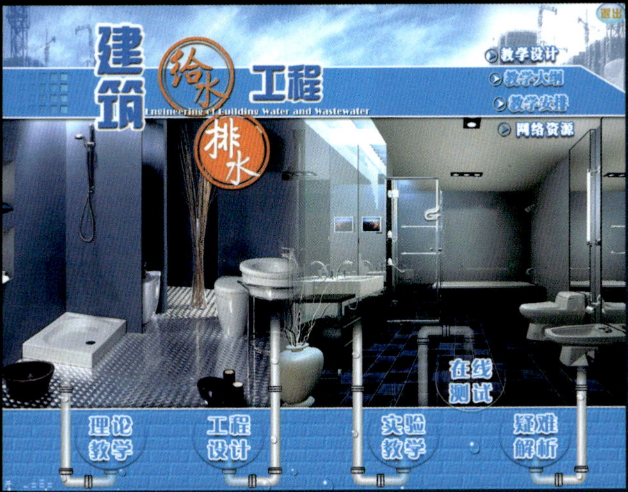

本课件获得第八届全国多媒体课件大赛一等奖

中国建筑工业出版社
CHINA ARCHITECTURE & BUILDING PRESS

电子教程系列

建筑给水排水工程

张学洪 主审
曾鸿鹄 陆燕勤 陈三明 主编
王敦球 赵文玉 黄海涛 参编

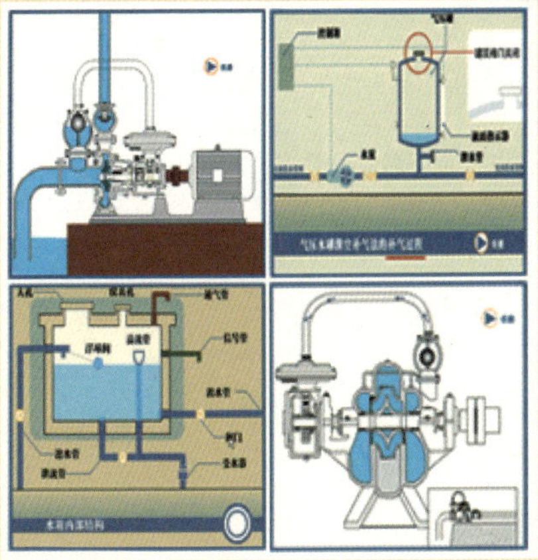

中国建筑工业出版社

电子教程系列
建筑给水排水工程
张学洪　　　　　　　　　　主审
曾鸿鹄　陆燕勤　陈三明　主编
王敦球　赵文玉　黄海涛　参编
*
中国建筑工业出版社出版、发行（北京西郊百万庄）
各地新华书店、建筑书店经销
北京嘉泰利德公司制版
北京方嘉彩色印刷有限责任公司印刷
*
开本：787×1092 毫米　1/32　印张：¾　字数：28 千字
2009 年 7 月第一版　　2009 年 7 月第一次印刷
定价：**168.00** 元
ISBN 978－7－89475－071－6
（17277）

建筑给水排水工程

《建筑给水排水工程》电子教程正式出版了，本教程可与普通高等教育土建学科专业“十五”规划教材《建筑给水排水工程》配套教学使用。

本教程由桂林理工大学教师编写。曾鸿鹄教授主编，主要参加编写和制作教师有：理论教学部分：曾鸿鹄、陆燕勤；实验教学部分：陆燕勤、王敦球、黄海涛；工程设计部分：曾鸿鹄、郑华、王炯；疑难解析部分：张学洪、刘康怀、陈三明；在线测试部分：陆燕勤、曾鸿鹄。后期制作：曾鸿鹄、陆燕勤、朱宗强。由张学洪教授主审。

一、课程性质及特点

作为给水排水工程专业的必修课程，本课程不仅有较高的理论知识要求，更有较高的实践要求，是综合理论、设计、施工、监理一体的应用型课程。本教程采用了与教材配套图片 279 张，增加了实验教学、工程设计、疑难解析和在线测试等内容的动画 78 个，工程案例图纸 22 套、共 400 张。本教程注重工程应用的教学模式，强化理论教学和提高自学效率。

二、补充内容

本次编写，在原教材的基础上进行了以下补充：

1. 教程全部采用与建筑给水排水工程相关的新规范。

2. 教程增加了实验教学、工程设计、疑难解析和在线测试，丰富和充实了教学内容。

3. 原教材中大量繁琐的理论计算，在教程中选用了一些实用的计算例题代替。

4. 教程增加了建筑给水工程、增压贮水设备、消防工程等章节的动画设计，方便教师指导，学生自学、理解和提高。

三、教程制作设计思路和要点

1. 编制软件

编制多媒体电子教程的软件较多，本课件采用 Flash，Aftereffects，Director 等软件技术编写制作，用户运行前需要安装插件 dwfviewer。

2. 结合手段

建筑给水排水工程是给水排水工程专业的专业必修课和主干专业课，因此这门课程在给水排水工程专业中占有很重要的地位。由于内容相对抽象，在教学过程中很难给学生一个具体的、直观的和形象的认识，这给教与学带来很大的困难。利用多媒体技术，可以使教学内容重点化、条块化；通过制作图片、动画使抽象的原理、过程形象化；使枯燥的公式推导生动化，提高建筑给水排水工程课程教学的直观性、立体性，促进教与学的双向交流，提高学生学习的积极性和主动性。

四、教程内容说明及教学安排

教程内容与教材基本一致，主要章节，补充的实验、设计见表 1。本教程中放映篇幅达到了 2571 页，其分配见表 1。我们是按 50 学时安排《建筑给水排水工程》电子教程的，各个学校可以根据学时不同和专业要求的差异调整学习内容的深度和广度，建议的学时分配见表 1。

五、教程适用范围

由于本教程内容比较完整，与教材相配套、要点清晰，工程案例安排得当，注重动画等直观教学，宜于教师教学和学生自学。本教程可以作为相关课程的辅助多媒体教材，也可供从事建筑给水排水设计、施工、管理和研究人员参考使用。

建筑给水排水工程教学内容安排表 **表1**

环　节	内容	总篇幅	图片和动画	学时分配
第一部分	理论教学	（490）	（172＋38）张	46
第二部分	实验教学	（9）	（0＋5）张＋1录像	4
第三部分	工程设计	（1660）	（0＋2）张＋22套图纸（400张）	课程设计1周
第四部分	疑难解析	（146）	（107＋33）张	配合理论教学
第五部分	在线测试	（266）		配合理论教学
合　计		2571页	279张图片＋78张动画＋22套图纸（400张）＋1录像（合计：758张）	50学时＋1周课程设计

六、教学效果

本教程用于教学后，直观和深入浅出的教学使学生理解深入，大量完整的图片和动画，工程案例图纸等，增强了学生的感性认识，提高了

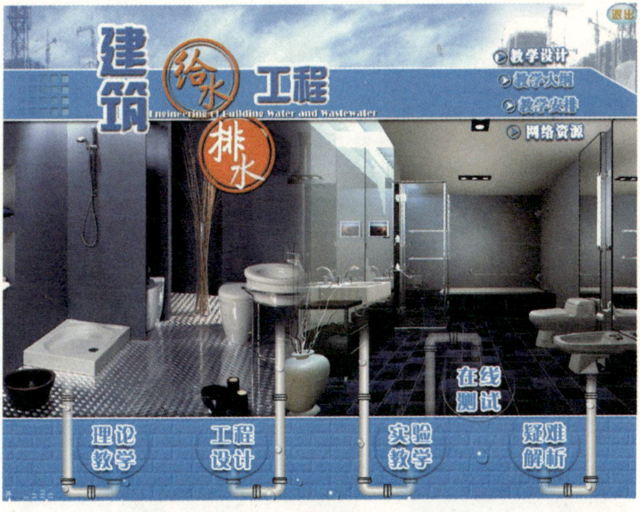

图1　《建筑给水排水工程》电子教程首页

学生学习兴趣和热情，并且便于学生对建筑给水排水工程设计、施工、监理的掌握。在扩大教学信息量同时，大大减少了传统教学的学时，学生掌握情况是令人满意的。

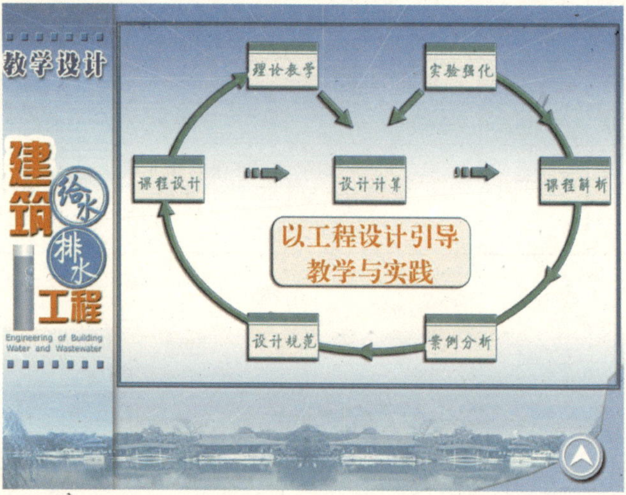

图 2　教学设计

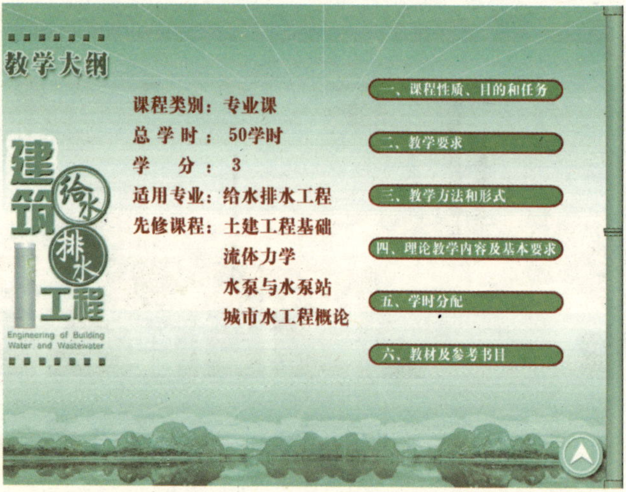

图 3　教学大纲

图 4　实验大纲

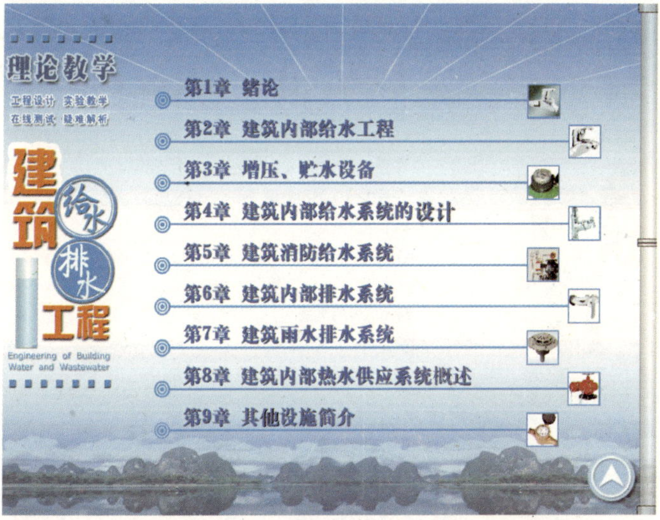

图 5　理论教学目录

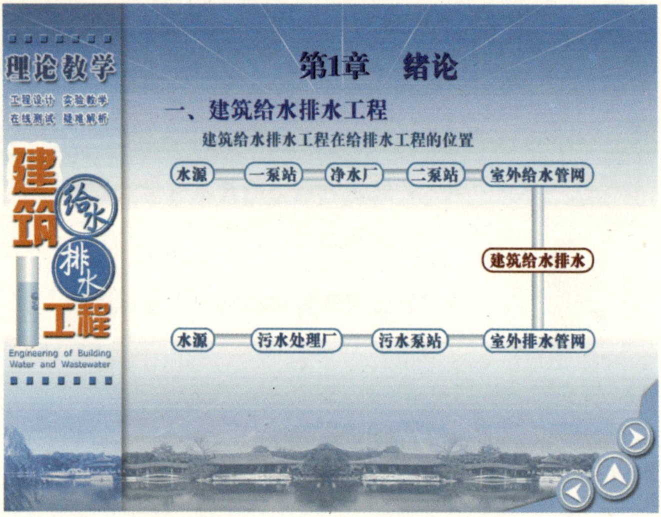

图6 理论教学——第1章 绪论

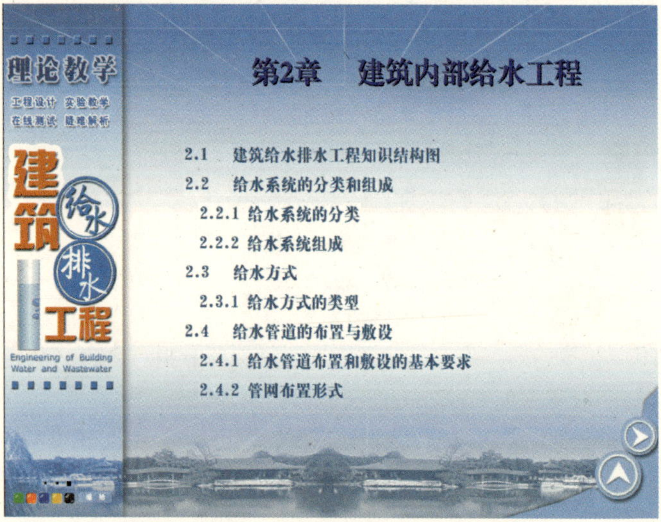

图7 理论教学——第2章 建筑内部给水工程

图8 理论教学——第3章 增压、贮水设备

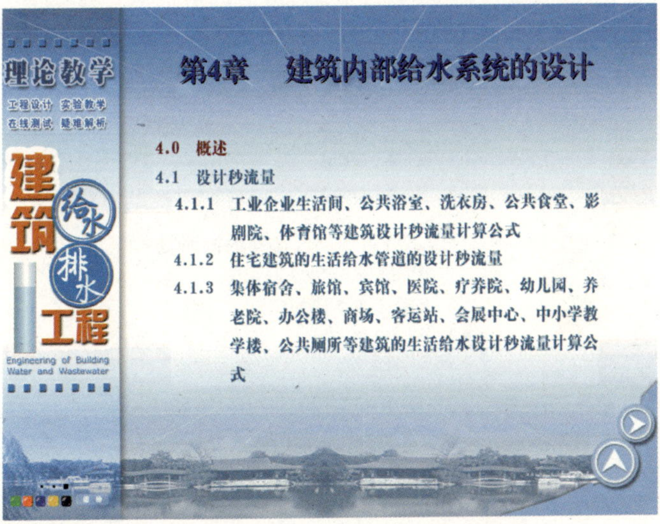

图9 理论教学——第4章 建筑内部给水系统的设计

图 10　理论教学——第 5 章　建筑消防给水系统

图 11　理论教学——第 6 章　建筑内部排水系统

图 12　理论教学——第 7 章　建筑雨水排水系统

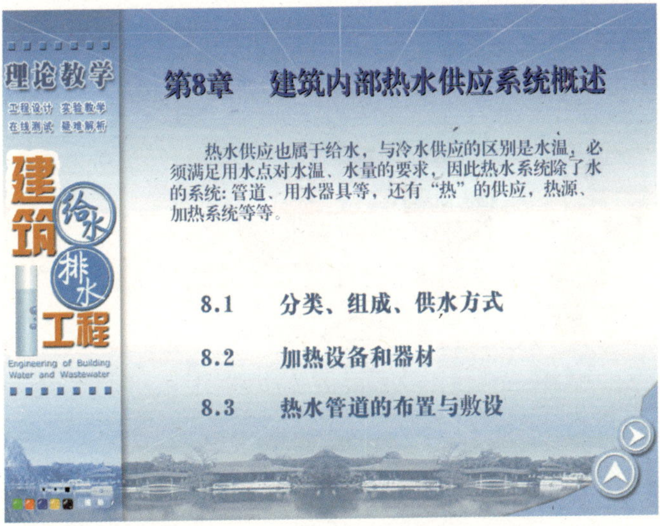

图 13　理论教学——第 8 章　建筑内部热水供应系统概述

图 14 理论教学——第 9 章 其他设施简介

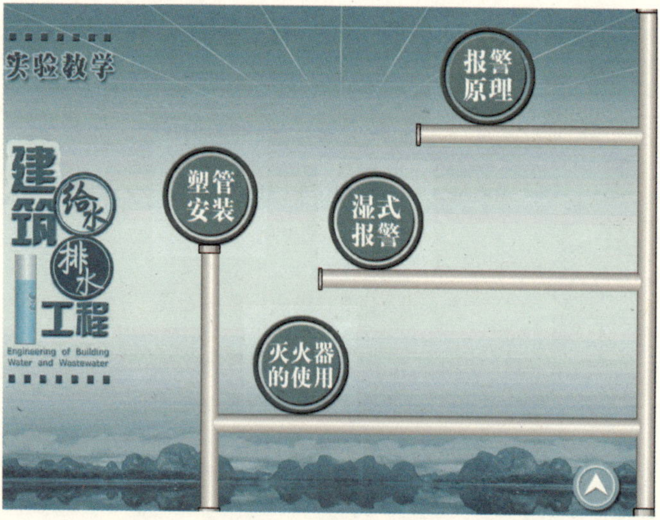

图 15 实验教学内容

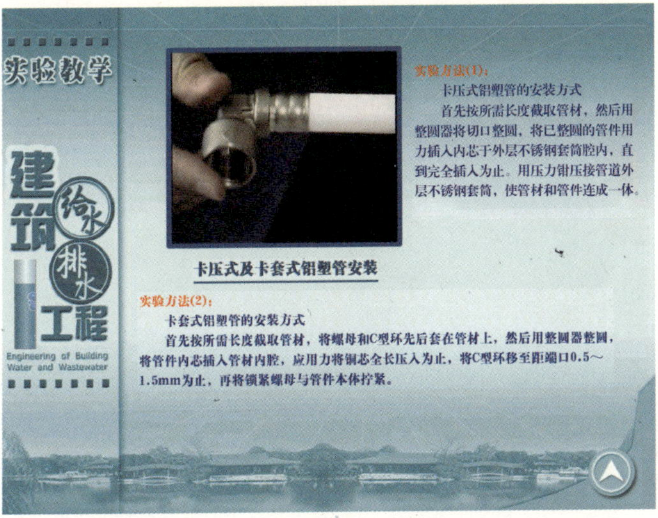

图16　实验一　卡压式及卡套式铝塑管安装实验

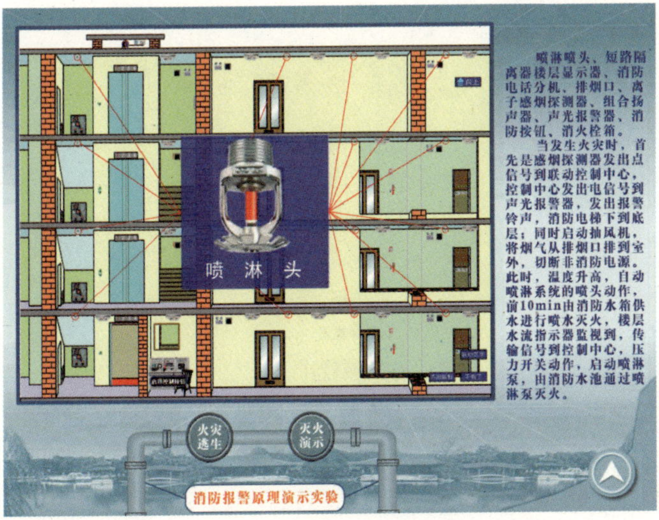

图17　实验二　消防报警原理演示实验

图 18　工程设计主要内容

图 19　工程设计——设计指南

图 20　工程设计——制图教程

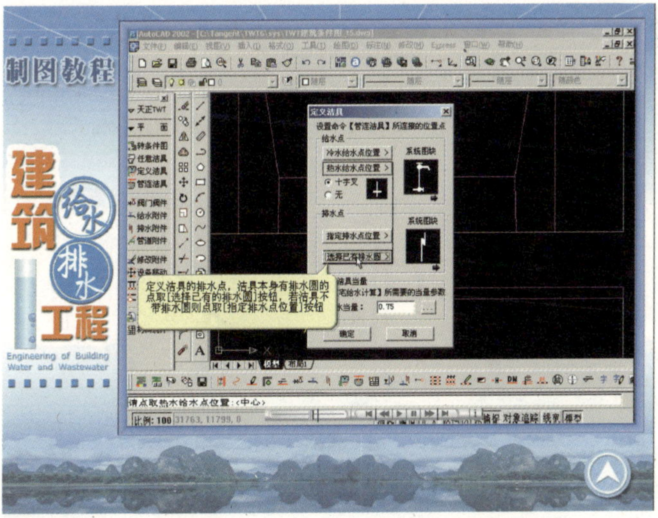

图 21　工程设计——制图教程四（室内给排水平面）

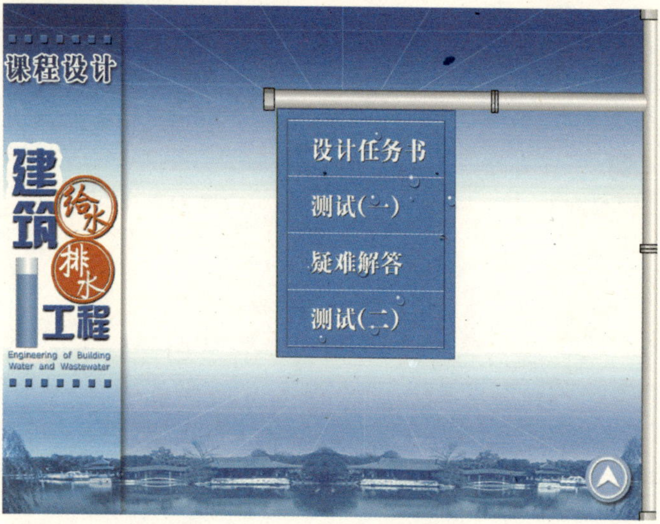

图 22　工程设计——课程设计

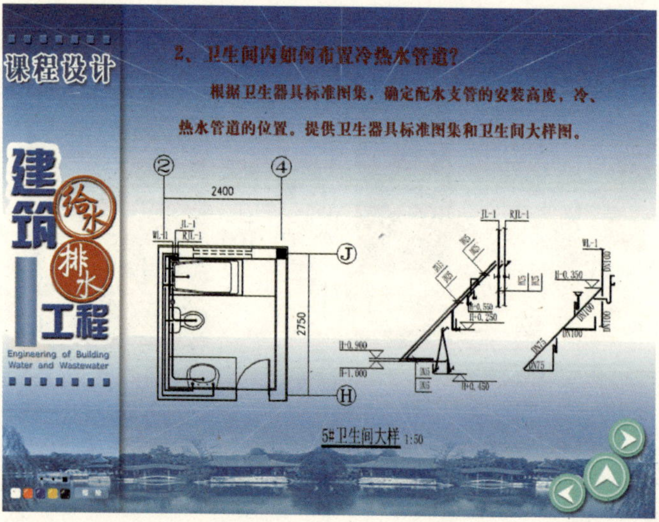

图 23　工程设计——课程设计（疑难解答）

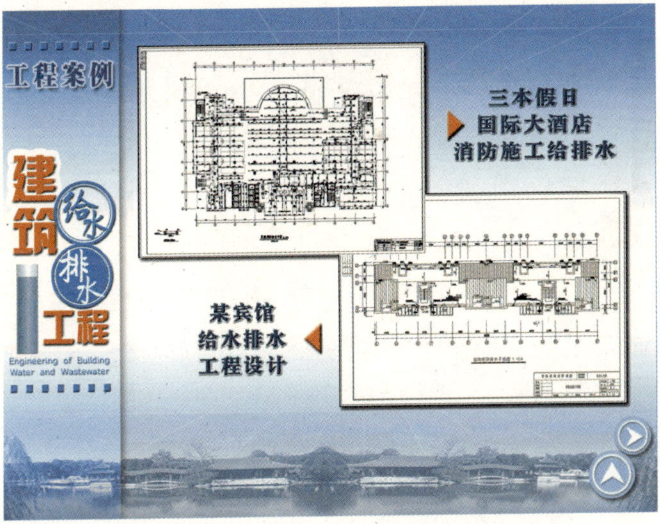

图 24　工程设计——工程案例

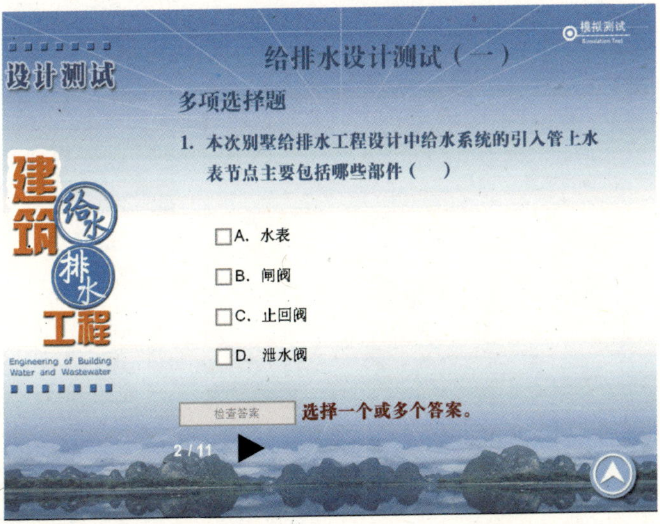

图 25　工程设计——设计测试

图 26　工程设计——设计规范

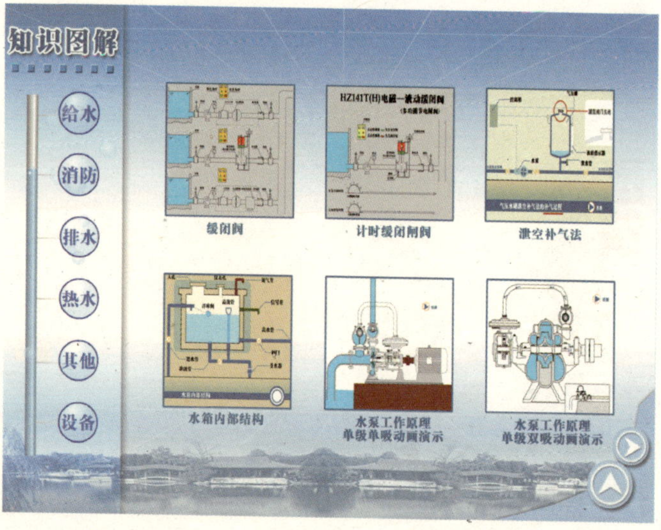

图 27　疑难解析——知识图解

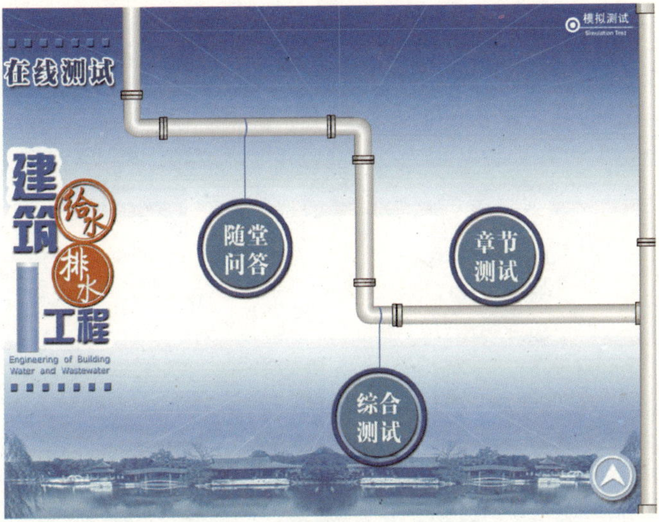

图 28　在线测试主要内容

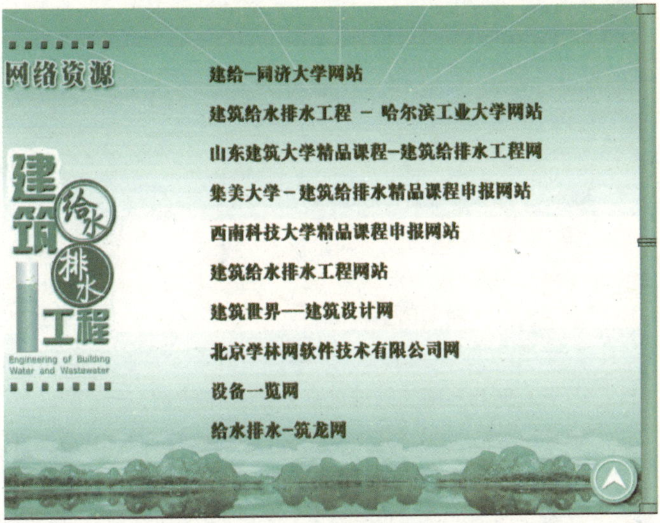

图 29　网络资源

主要参考文献

[1] 王增长. 建筑给水排水工程. 北京：中国建筑工业出版社，2005.
[2] 建设部建筑设计院. 建筑给水排水工程设计实例. 北京：中国建筑工业出版社，2001.
[3] 赵基兴. 建筑给排水实用新技术. 上海：同济大学出版社，2002.
[4] 严煦世，范瑾初. 给水工程（第四版）. 北京：中国建筑工业出版社，1999.
[5] 张自杰等. 排水工程（第四版）. 北京：中国建筑工业出版社，2000.
[6] 姜文源. 建筑给水排水常用设计规范详解手册. 北京：中国建筑工业出版社，1996.
[7] 中华人民共和国国家标准. 给水排水制图标准（GB 50106—2001）. 北京：中国建筑工业出版社，2001.
[8] 中华人民共和国国家标准. 建筑设计防火规范（GB 50016—2006）. 北京：中国建筑工业出版社，2006.
[9] 中华人民共和国国家标准. 自动喷水灭火系统设计规范（GB 50084—2001）（2005 版）. 北京：中国建筑工业出版社，2005.
[10] 中华人民共和国国家标准. 自动喷水灭火系统施工及验收规范（GB 50261—2005）. 北京：中国建筑工业出版社，2005.
[11] 中华人民共和国国家标准. 高层民用建筑设计防火规范（GB 50045—95）（2005 版）. 北京：中国建筑工业出版社，2005.
[12] 中华人民共和国行业标准. 建筑排水硬聚氯乙烯管道工程技术规范（GJ/T 29—98）. 北京：中国建筑工业出版社，1998.

[13] 中华人民共和国行业标准. 建筑中水设计规范（GB 50336—2002）. 北京：中国建筑工业出版社，2002.

[14] 中华人民共和国行业标准. 建筑给水排水设计规范（GB 50015—2003）. 北京：中国建筑工业出版社，2003.

[15] 中华人民共和国行业标准. 建筑给水排水及采暖工程施工质量验收规范（GB 50242—2002）. 北京：中国建筑工业出版社，2002.

[16] 05 系列建筑标准设计图集 05S1 卫生设备安装工程. 北京：中国建筑工业出版社，2005.

[17] 05 系列建筑标准设计图集 05S2 给水工程. 北京：中国建筑工业出版社，2005.

[18] 05 系列建筑标准设计图集 05S3 热水工程. 北京：中国建筑工业出版社，2005.

[19] 05 系列建筑标准设计图集 05S4 消防工程. 北京：中国建筑工业出版社，2005.

[20] 05 系列建筑标准设计图集 05S5 中水工程. 北京：中国建筑工业出版社，2005.

[21] 05 系列建筑标准设计图集 05S6 专用给水工程. 北京：中国建筑工业出版社，2005.

[22] 05 系列建筑标准设计图集 05S7 排水工程. 北京：中国建筑工业出版社，2005.

[23] 05 系列建筑标准设计图集 05S8 管道及设备防腐保温. 北京：中国建筑工业出版社，2005.

[24] 05 系列建筑标准设计图集 05S9 管道支架、吊架工程. 北京：中国建筑工业出版社，2005.